Puzzle 1

9		8			5	6		
6								4
3	2	1		7			8	9
		6			3		7	2
	8		9					3
			6	1				
4	5			8		7	2	
		2	7	6		3	4	
				4		9		

Puzzle 2

8	9							
	5	6	9					
4								9
	3				2			
		4	6		5			
			5			4	8	3
			7	9				
	5					8		
		5	4	6				1

Puzzle 3

4	7		1	2			6	
		3		4	6			
	1	6	7		9	5		
9		2	4		3	8	1	
1			7	2	6			
	5							3
		7	3			1	8	
			8					
				4				

Puzzle 4

		6	5			8	1	4
			7	8			6	3
					6	5		
							3	
	6		9		8			
8	4					6	9	5
		5			4	7	8	1
	1		3		5	9	4	2
4			8	1	2			

Puzzle 5

		4	9		6	7	2	1
		1						
				8				6
8			5	4		2		
9	4	2	7		3		8	
	5	7					4	3
		6		8				
				7				
	2					8	1	

Puzzle 6

1		5						9
	7	3	2				8	
	6				8	7		
	2							
5		1			4	6		2
			6	3			1	
	7	4	9	6			2	3
	9		3					

Puzzle 1

	1		5		3		7	
					5			
			9		6			
	4	8		1				3
5			9	2				
9		2	3		7			8
4				7				2
					3			
1		9				8		

Puzzle 2

	8				6	9		7
								4
9		5			4		1	
	1		9	2			4	
	2	4	5		3	1		
		3					5	2
	5							1
1	7				5	4		3

Puzzle 3

	2		3	5				
	6	4			7			
1			4				7	
7		8	2	3	4			
				1				7
								3
	5	9		7			4	8
			5			7		1
2			8		3	9		5

Puzzle 4

3				2		6	1	
8	7	4	1	6	3	5		
	2				8			4
			2		6	1		
				5		3		6
	6		3		1	9	4	5
	8	9		3	5			
		1	8	7		4		
		2			9	8		3

Puzzle 5

					7		1	
		7	4			9	3	6
	3							
				4		8		
	4		5					1
9						6		
2	9		3	6				
	8		7	1		3	9	
	1			2			8	5

Puzzle 6

				8			4	
			7			3		
9		4		1			7	5
		9						2
	7	6			2	1		
				5			8	
					6	5		8
6	5	7						
1	4		2	9				

Grid 1

		8					7	
3	9	1		8		2	4	5
7		2	5		9	8		
8				3			9	2
2			8			3		
					7	5		
5	1	3		7			8	
4	2				8		5	
9			4	5	3			

Grid 2

	6		8		7		9	5
	5			2				8
	2			1		7	4	6
		1		9		5	6	4
					1			3
8	3			7				
			7	8				
		5	6	3				
	4					6		

Grid 3

4	6				1			3
	2	9	7	4				
		1	3			4		
	7		2				3	
	9	2		6	3			
8	1			5	7			
2		8		7	4		9	
								7
			5	8				2

Grid 4

		6		1			3	9
3			8					
7	9						2	
5		3			6			
4			1		8	3		
9	1					2	5	
	8	5						
					2	5		4
1						7		

Grid 5

3			8					9
8		9	7	1		6		
	7	2		4			3	5
		3			8			4
	8			5		2		
		5	1					
	6	8		7	2			
				9				
2	9	4	5		1	3		

Grid 6

			1			5		
4	9						1	
3								8
	2					8	3	
		8		5	7			
1	4	6	8			7	2	
			5		2			1
				3				6
	8			7				

Grid 1

8				7	5	2		
	3					6	1	
	4	6	2	3		9		
	5	9	3	6				
6	1		7			4		
3								
9						8		
	7			8	6	1		
					7			9

Grid 2

				5	1		6	7
					8		3	
	7			3	9		4	
	2	6	9	8				
		1			4		9	
	9					6	5	
	6				3	4	7	
4	3		8					
		7						

Grid 3

7			1					
3		4			8			
			5			4		3
				1			4	9
		3			6	1		
2	9	1		8				6
	2			6				
			8		9			2
1			7	3				

Grid 4

3		5					8	1
8		1	2			9	4	3
9	2	4		1		6	7	5
5					1	7	6	
4				2			5	9
	9	6				8	1	4
7	8	9	5	2		1	3	6
	4		1	9		5	2	7
1	5	2	7		6			

Grid 5

	7	3		9		8		
								7
2			8	7	3	1		9
			1			9		
9	2		3		5			
		1	6			8		
	5	7	8			4		
			5	6			7	
			7		4	9		5

Grid 6

5		8	1			9	3	6
1		9			6		7	8
					4			5
			6		2		4	
		7	3	4		5		1
			7		8		6	
	1					6		2
7								
		6	2				9	4

Puzzle 1

2			3	1		5		4
			6	4		8		2
	4	9	5		2	1		
	2	6	4			3	5	8
4	3		8	2	5	9		
	8		9	3			2	
	1				8		4	
	9		2	5		7		1
8	7	5	1	6		2	3	9

Puzzle 2

	6	3		7			5	2
						7		3
	1		5		3	4	6	
9						1		4
7	4							6
		2			5		7	
2	7	6			4	3	9	5
	5	8	6		9	2	4	
3		4		2				1

Puzzle 3

6		5						2
					1			
		2		4			6	3
	3	1		7		9		
	7			2		4		
		8	5	3	4			
	6				8	3		
2						9		
				3		7		

Puzzle 4

7				1				
				2				6
	5	8	9	7	6	4	2	
8	9	6	7				5	
			6	5	9		7	2
			1					
		3		9				
						9		4
				8	1	5		7

Puzzle 5

5	7							
	8							9
	4		1	6		2	8	
9			6		1	8		
				3		2		
4		5		8			6	7
	9							
	5		7	1				
2			5			6		

Puzzle 6

							8	4
2	4	6		8	1	5		
			2			6	3	
			4	3	9	7	1	
9	2	7	6			4		
	1					8		6
4		1	8					7
		2	9		7	1		
		5	1	2	3			

Puzzle 1

1					6			
7	9	3	2			1		
	2			7			3	
				1		3		
					5	4		8
8		5		3				
		7	6		1		4	2
		9			6			
6		1						7

Puzzle 2

2	6	3	8			9		
5					3	2		7
			3		9	8	5	4
8				2				3
3		7		4		6		1
6	4	5	7	3		1		
		8			6			
9			1	8		5		

Puzzle 3

						5	3	6
	5			7				4
					5		8	
	7		8				9	
	1		4	9			7	
9	6	8		3				
1			3		9	7		
6	4		7		8			
	2		6					8

Puzzle 4

	7	4					6	
	6	8		5	2		1	
5	3							
								6
4			6	3			5	
				9	1	8	4	
7		1						5
		3	9	4	7			1

Puzzle 5

				1		4		
		9	4	2				
		6				8	3	
	8				2			
4			3	6		5	7	
			5			9		2
						3		
	3		8	1				7
7			2	3		8		9

Puzzle 6

						7		8
4		3	7	1			5	
7	9		5				4	
	5	2	1		7	4		9
1	7			3	9	6		
8		9			5			
9	1						6	
	4	6	8	7	1	5		
		5		9		3		

Puzzle 1

8	1					5	9	6
		2		7			3	8
		3			5			
3	2			8	9	7		
		5	2	4				
				5				2
		8	3					
9	7			2				
	3		7	1		8		

Puzzle 2

				9			6	
						8		2
2			6		3	4		
	6		1					
		5		6	2			
	2	9		4		3		
		1		2	4	6		
	3						5	
7		4					8	9

Puzzle 3

8	5				3		2	
			8		1	9	3	
			6					
			5	3				
		5			8	3		7
9	7							
3			7	4			9	1
	4	7	9	1	2	8	5	
					6			

Puzzle 4

2		4		3		9		
	8							
							2	3
		9	3					
	7		2	6	1			
	3		8			4	6	
9	6		7					4
8				4			1	6
		7						9

Puzzle 5

3		1		5				
	7						2	3
		2				4	8	
2	4		1			3	7	
5	1			9	6			
		6			2			
						2	5	8
			5					
			8			6		1

Puzzle 6

		9		5	8			
						4	2	9
3		4		7	9			
	6	3	7	2				
							8	
	7					3		
	3			4	7		2	8
		8		1		4		7
	4	2	8					

Puzzle 1

	5				6			
	8			9			7	4
9								
			4	5	3			8
							9	5
	4		2			3		6
		5	7			8		1
8		3						
2			6					

Puzzle 2

			6			4		2
	2	4		1				
8							3	
	5	9			1			
2	1	7		9		8		
7	9				6	5	4	
		5	1			2		9
				4	9		7	

Puzzle 3

8		6	9	1				5
5		7					2	
	3	1	7			8		
								3
	2				1			
3		9	2	4				
			5		6			
		3			9	6		
9	6	4		7	8	5	3	

Puzzle 4

4	5			1		2	9	6
		2			5		7	1
		6						
8	2	4			6		3	7
	1		8				6	
	6	9	3	2		4	1	
6						1	8	5
9	8	5			6	7		
2	3				8	6		

Puzzle 5

	2	7	4		3			
		6			5		4	
5		3		8		2	6	7
	1						7	
	3	5			8	6	9	2
2	6			9	7		1	5
			8			5		
			5					6
							8	4

Puzzle 6

				5	6			
	8	5						
2				1	3			
	4			7	5	1		
			1					3
		9				5	8	
	1			4			2	
7		4	5		2		3	
6	5	2					7	8

Puzzle 1

6		5			8	2		4
2				7		8	3	
			3					9
	4		2			9	6	
			8			1	5	
1			6		7			
						6		
		2	1	4		7	9	5
			5		6	4	2	

Puzzle 2

						2		8
5			7	8	2	6		
			4				7	5
	2	5	1	7	6	8	3	
4	6				5	9		7
1		7	9			5		6
		1		9				
		9		1			5	
		2		5	7			

Puzzle 3

							8	
	2		3			1		
5				8				7
	4			7		6		
			5		4			
	6		1			7	3	
	8	2		4				
3		4		7	1	2		
			9		2	3		6

Puzzle 4

5	4		7	6				
7				1				
			4		2			
	6			3		5		
		9			7		8	
3						4		
						1		5
		2			3	9		
8	7	3						

Puzzle 5

1	9		4					6
				1	8			3
6				7				
				9		2		
	2	5	3		1			
				2	4		8	
4		7	1	3	2			
5					6	3		
	8					1		

Puzzle 6

	7						4	8
						7	9	
8		5		1				
	6					8	9	
9	3	7					6	
								2
	9				3			
2	1				9		8	
5	8			2		7		

Puzzle 1

2	7			9				
3	9	8		2				6
		4						
		5		7				
	4	3		6			7	5
					4			
6				4	8	1		
	2				3			
8		7	2	5				

Puzzle 2

			4				8		6
							9	3
		3	8				5	2
	2					3		
1		6		3				
	3	7		2	9			5
5			2	4		6	3	8
	1		7	8	6	5		9
		8				2		

Puzzle 3

	7	9	6	3	2			
			9		1			7
3				5		9	2	
	9				6	5	7	
6					1			
			5	1			9	
2				6	3	8		
	6			9	8			3
9		8			5	2		1

Puzzle 4

		9			4	3		
	3				9		5	
1						7	8	
				5				8
	4			3				
	2	4			8	1		
6	5		1					
7								
	9	1	2	8	5		3	

Puzzle 5

	5			3	7			
		9			5			7
7		3		5	9	1		
5		4		8		1		6
		1				2		
		2		5	3			4
				1	6	9	3	
	9		7			5		
		5	3		6	7	4	

Puzzle 6

5		2	6					4
						3	2	9
8	7					5		6
	5	6	8	7	3		9	
1	4				2			7
7		8	4	6				
4					5		6	
			1	4	8	7	3	

Puzzle 1

	6		1	3			8	
3			5	8	9		4	
							9	
							1	
			2				6	
	2		9		8	4	5	3
				4	5	7		
9			3	7				
	7	1			2			

Puzzle 2

7		1		5				
	6			7				9
		9		6	4	7	5	1
	4	7			3	9		
	8			2	7	5	1	3
					8	4	2	
	7			4		8	9	
				8	5		6	4
			9	3	6			

Puzzle 3

5	7					8		
		8			3	2		4
		2		9	3	6		
6		7			1			9
	2		9					
	8		2					
	4		5		6			
7	9			2	6	1	3	
			1		7			

Puzzle 4

1		7			6			
							7	6
			4	7	2	3		
8		3	9		4	1		7
	1			7			5	
	5				3			
		1	2					
	7			6	3		2	
	4	2			6			

Puzzle 5

		6	3	7	5	4		
5		3				9	1	
	8	2	4				3	
2	6				3	1		
1				6	4	3	2	8
			7					
8	5			3	7			4
	2					5	3	
					6			

Puzzle 6

							8	
8	9	1					6	4
		5	6	3	8	9		1
		4	8	6	2		3	
	8	2		7	1	4		6
1	6		4			8		
	3				4		1	
4				8		2		3
		5	9				6	4

Grid 1

5			1					
1			7				4	
7	8	9						
	5						7	6
6			3		7		5	
					6			4
				1	3	8	2	5
	4				9		3	
		3		5		4		

Grid 2

		9	4		5			3
				2			4	6
	1	5		3			2	
				7	8			
9					4		5	
	8		5					
	9	2	8					
		8	2		7			5
		4			1			

Grid 3

	8					5		
6	4		1		9		8	
							6	
1			7			4	9	
4	5				1	2	3	
	9							
7				2				
9	2	3			5	7	1	
	1						2	

Grid 4

3						2		9
8				5				3
		4		2			8	5
	8							6
				6	1	3		
5		6	3	9	2	4		
		8						
	6		9	1		5		
1	7	5			6	8	9	

Grid 5

8				5			3	7
9	6		3					
		5				8		
6			2	3				8
1	7	3	9		8	4	5	2
2	8		4	7	5	3	1	
5				9	3			
4					6	5	9	1
7				5				

Grid 6

9	6		4					8
							1	
2								
7	3							5
		6	1			2		7
	2	1			5	8	6	9
	9	2			8			
					4	9		
		7		3		6	5	

Puzzle 1

	5	4						9
3	2	8			9	6	5	
	6							7
8	7				2		1	
			7			9		
		9	8	3	1		6	2
		7				2		3
6								
			3	8			9	6

Puzzle 2

6	4	9						
					2			
	1				9		4	
9			7		3			
			6				9	
4		3				2		
					7	5		6
1				9				
		2			1		8	3

Puzzle 3

2	6	5	7	3	9			4
	3		5	2		7		9
	1	9	8	4		2	5	3
	4	2				6		7
5				9	3		2	
			6				4	
3	2		9		8	4		6
6						3	9	8
8	9		3			5		

Puzzle 4

			6			3	7	2
	2						9	4
				4	1		8	5
	1	9		8	4			
		3				8		9
5		4		6	2			
9	3			1	6			7
		6		3		2	1	

Puzzle 5

4		7		5				
2			3	6	4			1
7	2	9						3
5								9
	8			9	7		5	
		1			6			2
			4		1			
			9	7			6	8

Puzzle 6

						7		
			2	8	3			9
					7	2		
	5	4		2				
6			1			9		4
	1	2	6					
4			3		1			
	2			7	5			
3	6	5		4	2			

Puzzle 1

		5	8	2		1	3	4
		3		5		2		6
8		7	2	6			4	
						6	2	
		9						7
		4				9	2	
	9	7	3		5			
	7				8			

Puzzle 2

					2			
	7	6			5	3		
		5			4			9
6	9	1		2		7		5
	3							8
				4				
7						5		4
5		9	3					
						1		

Puzzle 3

	7		8	5				
		5		6			7	8
2	8				4			
	5	2					9	
	6		1			7		
		4			5		3	2
		7				5	8	3
	3				7		4	
	4		9	3		2	6	

Puzzle 4

	4				8			3
		1	5					6
							5	
5	9		4			6		
	7			1		5	3	
6	1				9		7	
7		4		2		3	1	
							9	
			1	8				

Puzzle 5

5		8		6	9			
		1		2		8	3	
	7			8				5
6				5				7
1	4				8			
	5		3		1	4		
				3				
3		9						
8	2					6	4	3

Puzzle 6

3			7		1			
	5			3			7	
		4	6			9		
		7	3		5	1		
			8	2	9	7	5	
			4				3	
9		5	1				8	
						3	2	1
6		1	2	4			9	

Puzzle 1

4				5	8	7		
	8		1	6				
3				9				
8	3		7			1	2	
2				3	6			
6							7	8
								3
		2	3			6		
	6				2			4

Puzzle 2

9		5				1	8	
					3			
6			5		9			
7							6	1
	4	2	3					8
5						9	4	3
3	5		8		2			
8	7	4					2	
2		9					3	

Puzzle 3

	1	6			8	5	9	3
2		8	3		9	7		6
7		9	4					
		4		6				
3	7							9
		1			7	4		5
9			6					
				5		7		
	8		7		3			2

Puzzle 4

	5		7		6			8
7		1				6	4	
8								
			3	8	7		2	5
9				6	4		3	
				1				6
	9						7	
3	8					2		
2		4				8		

Puzzle 5

	8					6		2
	4	1			9			
	5		1		6		7	
			3				2	1
	7		6	9				3
					5			
8				4				
4								
			7		5	9		

Puzzle 6

8	2		6		3	7	4	5
5				9	7		3	
	7	3		5	4	2		
						1		
2	5					3		
9				2	8			4
	9		1			4	8	
4	3		7					6
		1		4		5	7	

Puzzle 1

			4					
	6	4			1	8		
3	9				7		5	4
				6	5			3
	2		8				7	
		3	1	7			8	
	8	1	2		3			
9				1				5
2					9			

Puzzle 2

			9	5	7			8
	7	6	4		8			
		9			6		5	
8				4	9	2		
6			3	9		7		
		3	2			6		
3	2							
9	5	8	6			3		
4			5	7				

Puzzle 3

7	2			4	5			
		6			1			3
9								
		2			4			
		9			6			8
	9							
		3	9	1		7		
4	5		3	7	2		1	
	1			8				

Puzzle 4

			5		1			7
1	5		3		6			8
						3		5
		4		9	5			1
	1	3		4	2	7	6	9
6						8		
						9		
				3	8			
2	4	5				9		3

Puzzle 5

	7	6				8		
1	5				6			
9		3	1	7	8			6
	2						9	
5		1	7		9	6		
4		9	8		3			5
	9			8	3		5	
		5						7
				5		9	8	

Puzzle 6

					7		8	9
1		7		2				
		8	1	3	9	2		
8		2	3		6		7	4
					4	8	2	1
	7				2		3	
		5	6		3			
		4						
	1						6	5

Puzzle 1

			3	4				
				9	6	7		
	5			6	1		8	
	1						4	8
	3		1					7
9				8				
1	6			3				9
	7		5			1		
				7		2		

Puzzle 2

	5	1	7	8		9		3
9				4	5			
	4			1		8	2	
				6	9	1		4
			8				9	
1	9						7	
	2		5	9				
6		5			1			

Puzzle 3

	6		8				7	1
	1		5		3			
			6					3
5		2			1	4	3	
	7				5			
6		9	7			1		5
	2						8	
		1			2			
				4				

Puzzle 4

5				8				
			1		6			7
						8		1
	9				7	6		4
	7	6			4	5		9
	4			6			3	
9			4		8			
6	8				3	4		2
	3			7				

Puzzle 5

			4	3		2		
		4			9			
		8	1					
		6			8	3		2
					4		1	6
3			7	6			4	
7						6		
9	2				4	7		
				5			2	3

Puzzle 6

		2		6	3		8	
	5	8			9		3	
				5	2			
		7					5	4
		9	4				1	2
3			6	1		8	7	9
2				7		5		8
8			9	2				3
	1		5	8				

Puzzle 1

			4			3	6	9
	9		8			5		
		2	1	5		7		
				7				
5					1		2	
	2							5
6						9		
9		3						
2				6	8			1

Puzzle 2

6								
3			5	1		7		
7		2	3		8	4	5	
9	6			4			5	3
					3	6	1	
				6				
			3					
							2	
2		8	1		4		6	

Puzzle 3

1				2				4
				3			1	
				5	6			2
		3	5		8	1	2	
5		7					4	9
	8					3		
9							5	6
	6	5	9			4		
		4		1				

Puzzle 4

	4			7		5	1	2
7	1				4		6	
		8					7	
	9		4	6				
2				9	8			
					5	7		
4		9	7	3			8	5
6				4			2	
		7	2		9			

Puzzle 5

	2		4					
7		3	6					
					9	2		
		9	3		7			2
	3			4				
			8			7	5	
	8				2			5
	5			6	1			7
9								

Puzzle 6

8	9		5				2	
				1		8		5
		5		8	2	7		4
2	4		8		5			
1				3				9
			7		1			
			4	5				
9	3					4		
			2			3		

Top-left

	1					3		
		2	5	6				
6				7	1	4		
	5				6	2	7	9
		6			9	5		3
	7		9					6
		9					4	1
	3			8				2

Top-right

8						7	2	3
				3				9
		3		7		8	1	
	7	6	5					8
1		4			7			
9		8	4			2	5	7
	4							
		1		3			7	2
				5	1	3	8	

Middle-left

1								9
			8			2		
		6				8	1	
3								2
				7	5			
7	8	4		3				9
			3	6	1		5	
		5	7	2		6	3	
				5	9			2

Middle-right

	7		8	2	4			5
		4	1			2	7	8
	8					1		
3	5		6		2		1	9
4		8					2	6
1	2		9		8		4	
5						4	8	
	6			1				2
		2			5		9	

Bottom-left

	5		1	2	7		8	
2		4				7		
		7				4	3	8
				4				5
	6				8			1
	3			7		1	4	9
8				1	2			
	1		5		4			

Bottom-right

2						1		
							2	
	8				1			7
	7		9					
	9	3	7		8		1	
1			6				9	8
						9		1
					2	3	8	5
9		8	5			2	6	

Puzzle 1

5								
	4		5		6		3	
			1			7		2
		3	8	1		5		4
	5							9
	1	2		4			7	3
3		7				6		
			7					
		5			3	1		

Puzzle 2

7		2	8	1	9	6	4	
5		1			7		9	
	4			5		1		8
	6		9		1	3		
4				7		5		6
3		7					2	9
						8		3
						4	9	5
9	7							

Puzzle 3

1		4				2		5
8		7	5	6			9	4
	6		2	4		8	1	7
			6		5	7		9
				2			3	
	8			9				
		3		5		1		8
			8	7	6			
				1		5		

Puzzle 4

	6						4	
			1			5	9	
1		9			6		7	
					8		6	7
			5					
		6			2	3		
3	1	6						
			2	8				4
	8	4		1			2	9

Puzzle 5

9	1				8	4	7	6
5		6				8	2	
3	7				4	5		9
1		9						5
					7			
					5	2	3	
7	6		4	8		9		2
	9		5	2	7		6	
2								7

Puzzle 6

				5				3
			1	4			6	7
					1			
4		5		8			3	
		3						
			9			6		4
		6		4				8
5	9					7		
1			8	6		5		2

Solutions

9	4	8	2	3	5	6	1	7
6	7	5	1	9	8	2	3	4
3	2	1	4	7	6	5	8	9
5	9	6	8	4	3	1	7	2
1	8	7	9	5	2	4	6	3
2	3	4	6	1	7	9	5	8
4	5	9	3	8	1	7	2	6
8	1	2	7	6	9	3	4	5
7	6	3	5	2	4	8	9	1

8	9	1	3	2	4	7	6	5
3	2	5	6	9	7	1	4	8
4	6	7	1	8	5	3	2	9
5	4	3	7	1	8	2	9	6
9	8	2	4	6	3	5	1	7
7	1	6	9	5	2	4	8	3
1	3	4	8	7	9	6	5	2
6	5	9	2	3	1	8	7	4
2	7	8	5	4	6	9	3	1

4	7	5	1	2	8	3	6	9
8	9	3	5	4	6	7	2	1
2	1	6	7	3	9	5	4	8
9	6	2	4	5	3	8	1	7
1	3	8	9	7	2	6	5	4
7	5	4	6	8	1	2	9	3
6	4	7	3	9	5	1	8	2
5	2	9	8	1	7	4	3	6
3	8	1	2	6	4	9	7	5

7	2	6	5	3	9	8	1	4
9	5	4	7	8	1	2	6	3
1	8	3	2	4	6	5	7	9
5	9	2	4	6	7	1	3	8
3	6	1	9	5	8	4	2	7
8	4	7	1	2	3	6	9	5
2	3	5	6	9	4	7	8	1
6	1	8	3	7	5	9	4	2
4	7	9	8	1	2	3	5	6

5	8	4	9	3	6	7	2	1
6	3	1	2	5	7	4	9	8
2	7	9	4	1	8	5	3	6
8	6	3	5	4	1	2	7	9
9	4	2	7	6	3	1	8	5
1	5	7	8	2	9	6	4	3
7	1	6	3	8	2	9	5	4
4	9	8	1	7	5	3	6	2
3	2	5	6	9	4	8	1	7

1	8	5	7	4	3	2	6	9
9	7	3	2	6	5	4	8	1
2	6	4	9	1	8	7	3	5
6	2	8	1	5	9	3	7	4
5	3	1	8	7	4	6	9	2
7	4	9	6	3	2	5	1	8
8	5	7	4	9	6	1	2	3
4	9	6	3	2	1	8	5	7
3	1	2	5	8	7	9	4	6

Grid 1

2	1	4	5	6	3	8	7	9
6	9	7	1	8	2	5	3	4
3	8	5	7	9	4	6	2	1
7	4	8	6	1	5	2	9	3
5	3	1	9	2	8	7	4	6
9	6	2	3	4	7	1	5	8
4	5	3	8	7	1	9	6	2
8	2	6	4	5	9	3	1	7
1	7	9	2	3	6	4	8	5

Grid 2

4	8	2	1	5	6	9	3	7
7	3	1	8	9	2	5	6	4
9	6	5	3	7	4	2	1	8
5	1	8	9	2	7	3	4	6
6	2	4	5	8	3	1	7	9
3	9	7	6	4	1	8	2	5
8	4	3	7	1	9	6	5	2
2	5	6	4	3	8	7	9	1
1	7	9	2	6	5	4	8	3

Grid 3

8	2	7	3	5	6	1	9	4
5	6	4	1	9	7	3	8	2
1	9	3	4	8	2	5	7	6
7	1	8	2	3	4	6	5	9
6	3	5	9	1	8	4	2	7
9	4	2	7	6	5	8	1	3
3	5	9	6	7	1	2	4	8
4	8	6	5	2	9	7	3	1
2	7	1	8	4	3	9	6	5

Grid 4

3	9	5	7	2	4	6	1	8
8	7	4	1	6	3	5	9	2
1	2	6	5	9	8	7	3	4
9	5	3	2	4	6	1	8	7
4	1	8	9	5	7	3	2	6
2	6	7	3	8	1	9	4	5
6	8	9	4	3	5	2	7	1
5	3	1	8	7	2	4	6	9
7	4	2	6	1	9	8	5	3

Grid 5

5	6	9	8	3	7	2	1	4
8	2	7	4	5	1	9	3	6
4	3	1	2	9	6	5	7	8
1	7	2	6	4	3	8	5	9
3	4	6	5	8	9	7	2	1
9	5	8	1	7	2	4	6	3
2	9	5	3	6	8	1	4	7
6	8	4	7	1	5	3	9	2
7	1	3	9	2	4	6	8	5

Grid 6

7	6	3	5	8	9	2	4	1
8	1	5	7	2	4	3	6	9
9	2	4	6	1	3	8	7	5
4	8	9	3	6	1	7	5	2
5	7	6	8	4	2	1	9	3
2	3	1	9	5	7	4	8	6
3	9	2	4	7	6	5	1	8
6	5	7	1	3	8	9	2	4
1	4	8	2	9	5	6	3	7

Grid 1

6	5	8	3	2	4	1	7	9
3	9	1	7	8	6	2	4	5
7	4	2	5	1	9	8	3	6
8	7	5	6	3	1	4	9	2
2	6	9	8	4	5	3	1	7
1	3	4	2	9	7	5	6	8
5	1	3	9	7	2	6	8	4
4	2	7	1	6	8	9	5	3
9	8	6	4	5	3	7	2	1

Grid 2

1	6	3	8	4	7	2	9	5
4	5	7	9	2	6	1	3	8
9	2	8	5	1	3	7	4	6
2	7	1	3	9	8	5	6	4
5	9	4	2	6	1	8	7	3
8	3	6	4	7	5	9	2	1
6	1	9	7	8	4	3	5	2
7	8	5	6	3	2	4	1	9
3	4	2	1	5	9	6	8	7

Grid 3

4	6	5	8	9	1	2	7	3
3	2	9	7	4	5	1	8	6
7	8	1	3	2	6	4	5	9
6	7	4	2	1	8	9	3	5
5	9	2	4	6	3	7	1	8
8	1	3	9	5	7	6	2	4
2	3	8	6	7	4	5	9	1
9	5	6	1	3	2	8	4	7
1	4	7	5	8	9	3	6	2

Grid 4

8	2	6	7	1	5	4	3	9
3	5	4	8	2	9	6	7	1
7	9	1	6	3	4	8	2	5
5	7	3	2	9	6	1	4	8
4	6	2	1	5	8	3	9	7
9	1	8	3	4	7	2	5	6
2	8	5	4	7	1	9	6	3
6	3	7	9	8	2	5	1	4
1	4	9	5	6	3	7	8	2

Grid 5

3	4	6	8	2	5	1	7	9
8	5	9	7	1	3	6	4	2
1	7	2	9	4	6	8	3	5
9	1	3	2	6	8	7	5	4
6	8	7	4	5	9	2	1	3
4	2	5	1	3	7	9	8	6
5	6	8	3	7	2	4	9	1
7	3	1	6	9	4	5	2	8
2	9	4	5	8	1	3	6	7

Grid 6

8	6	1	4	2	5	3	9	7
4	9	7	3	8	6	5	1	2
3	5	2	7	1	9	6	4	8
7	2	5	1	6	4	8	3	9
9	3	8	2	5	7	1	6	4
1	4	6	8	9	3	7	2	5
6	7	3	5	4	2	9	8	1
5	1	4	9	3	8	2	7	6
2	8	9	6	7	1	4	5	3

8	9	1	6	7	5	2	3	4
2	3	7	8	4	9	6	1	5
5	4	6	2	3	1	9	7	8
7	5	9	3	6	4	8	2	1
6	1	2	7	5	8	4	9	3
3	8	4	1	9	2	5	6	7
9	2	5	4	1	3	7	8	6
4	7	3	9	8	6	1	5	2
1	6	8	5	2	7	3	4	9

8	4	3	2	5	1	9	6	7
6	5	9	7	4	8	2	3	1
1	7	2	6	3	9	8	4	5
7	2	6	9	8	5	3	1	4
5	8	1	3	6	4	7	9	2
3	9	4	1	7	2	6	5	8
2	6	8	5	1	3	4	7	9
4	3	5	8	9	7	1	2	6
9	1	7	4	2	6	5	8	3

7	8	9	1	4	3	2	6	5
3	5	4	6	2	7	8	9	1
6	1	2	5	9	8	4	7	3
8	7	6	2	1	5	3	4	9
5	4	3	9	7	6	1	2	8
2	9	1	3	8	4	7	5	6
9	2	8	4	6	1	5	3	7
4	3	7	8	5	9	6	1	2
1	6	5	7	3	2	9	8	4

3	7	5	4	6	9	2	8	1
8	6	1	2	7	5	9	4	3
9	2	4	8	1	3	6	7	5
5	3	8	9	4	1	7	6	2
4	1	7	6	8	2	3	5	9
2	9	6	3	5	7	8	1	4
7	8	9	5	2	4	1	3	6
6	4	3	1	9	8	5	2	7
1	5	2	7	3	6	4	9	8

4	7	3	6	9	1	8	5	2
8	1	9	5	2	3	6	4	7
2	6	5	4	8	7	3	1	9
5	4	6	1	7	8	2	9	3
9	2	8	3	4	5	7	6	1
7	3	1	9	6	2	5	8	4
1	5	7	8	3	9	4	2	6
3	9	4	2	5	6	1	7	8
6	8	2	7	1	4	9	3	5

5	4	8	1	2	7	9	3	6
1	2	9	5	3	6	4	7	8
6	7	3	8	9	4	1	2	5
9	8	1	6	5	2	3	4	7
2	6	7	3	4	9	5	8	1
4	3	5	7	1	8	2	6	9
8	1	4	9	7	3	6	5	2
7	9	2	4	6	5	8	1	3
3	5	6	2	8	1	7	9	4

Grid 1

2	6	8	3	1	9	5	7	4
1	5	3	6	4	7	8	9	2
7	4	9	5	8	2	1	6	3
9	2	6	4	7	1	3	5	8
4	3	7	8	2	5	9	1	6
5	8	1	9	3	6	4	2	7
3	1	2	7	9	8	6	4	5
6	9	4	2	5	3	7	8	1
8	7	5	1	6	4	2	3	9

Grid 2

4	6	3	9	7	1	8	5	2
5	2	9	8	4	6	7	1	3
8	1	7	5	2	3	4	6	9
9	8	5	3	6	7	1	2	4
7	4	1	2	9	8	5	3	6
6	3	2	4	1	5	9	7	8
2	7	6	1	8	4	3	9	5
1	5	8	6	3	9	2	4	7
3	9	4	7	5	2	6	8	1

Grid 3

6	9	5	3	8	1	7	4	2
3	4	7	6	5	2	1	8	9
1	8	2	9	4	7	5	6	3
4	3	1	8	7	6	9	2	5
5	7	6	1	2	9	4	3	8
9	2	8	5	3	4	6	1	7
7	6	4	2	9	8	3	5	1
2	1	3	7	6	5	8	9	4
8	5	9	4	1	3	2	7	6

Grid 4

7	6	2	8	1	4	3	9	5
9	4	1	3	2	5	7	8	6
3	5	8	9	7	6	4	2	1
8	9	6	7	4	2	1	5	3
1	3	4	6	5	9	8	7	2
2	7	5	1	3	8	6	4	9
4	1	3	5	9	7	2	6	8
5	8	7	2	6	3	9	1	4
6	2	9	4	8	1	5	3	7

Grid 5

5	7	2	9	4	8	1	3	6
6	8	1	3	2	5	7	4	9
3	4	9	1	6	7	2	8	5
9	2	3	6	7	1	8	5	4
7	6	8	4	5	3	9	2	1
4	1	5	2	8	9	3	6	7
1	9	4	8	3	6	5	7	2
8	5	6	7	1	2	4	9	3
2	3	7	5	9	4	6	1	8

Grid 6

1	5	3	7	9	6	2	8	4
2	4	6	3	8	1	5	7	9
7	8	9	2	5	4	6	3	1
5	6	8	4	3	9	7	1	2
9	2	7	6	1	8	4	5	3
3	1	4	5	7	2	8	9	6
4	9	1	8	6	5	3	2	7
8	3	2	9	4	7	1	6	5
6	7	5	1	2	3	9	4	8

Grid 1

1	5	8	3	9	6	2	7	4
7	9	3	2	5	4	1	8	6
4	2	6	1	7	8	5	3	9
9	7	4	8	1	2	3	6	5
3	1	2	7	6	5	4	9	8
8	6	5	4	3	9	7	2	1
5	3	7	6	8	1	9	4	2
2	8	9	5	4	7	6	1	3
6	4	1	9	2	3	8	5	7

Grid 2

2	6	3	8	1	7	9	4	5
5	8	1	4	9	3	2	6	7
4	7	9	2	6	5	3	1	8
1	2	6	3	7	9	8	5	4
8	5	4	6	2	1	7	9	3
3	9	7	5	4	8	6	2	1
6	4	5	7	3	2	1	8	9
7	1	8	9	5	6	4	3	2
9	3	2	1	8	4	5	7	6

Grid 3

2	9	7	1	8	4	5	3	6
8	5	6	9	7	3	2	1	4
4	3	1	2	6	5	9	8	7
3	7	4	8	1	2	6	9	5
5	1	2	4	9	6	8	7	3
9	6	8	5	3	7	4	2	1
1	8	5	3	4	9	7	6	2
6	4	3	7	2	8	1	5	9
7	2	9	6	5	1	3	4	8

Grid 4

1	7	4	3	8	9	5	6	2
9	6	8	4	5	2	3	1	7
5	3	2	1	7	6	4	9	8
3	8	9	5	2	4	1	7	6
4	1	7	6	3	8	2	5	9
6	2	5	7	9	1	8	4	3
7	4	1	2	6	3	9	8	5
8	5	3	9	4	7	6	2	1
2	9	6	8	1	5	7	3	4

Grid 5

3	2	7	8	1	6	4	9	5
8	5	9	4	2	3	7	6	1
1	4	6	5	9	7	2	8	3
9	8	5	7	4	2	3	1	6
4	1	2	3	6	9	5	7	8
6	7	3	1	5	8	9	4	2
2	9	8	6	7	5	1	3	4
5	3	4	9	8	1	6	2	7
7	6	1	2	3	4	8	5	9

Grid 6

5	6	1	9	4	3	7	2	8
4	2	3	7	1	8	9	5	6
7	9	8	5	2	6	1	4	3
6	5	2	1	8	7	4	3	9
1	7	4	2	3	9	6	8	5
8	3	9	4	6	5	2	7	1
9	1	7	3	5	2	8	6	4
3	4	6	8	7	1	5	9	2
2	8	5	6	9	4	3	1	7

8	1	7	4	3	2	5	9	6
5	6	2	9	7	1	4	3	8
4	9	3	8	6	5	1	2	7
3	2	1	6	8	9	7	4	5
6	8	5	2	4	7	9	1	3
7	4	9	1	5	3	6	8	2
1	5	8	3	9	6	2	7	4
9	7	4	5	2	8	3	6	1
2	3	6	7	1	4	8	5	9

1	4	3	2	9	8	7	6	5
5	9	6	4	7	1	8	3	2
2	7	8	6	5	3	4	9	1
4	6	7	1	3	9	5	2	8
3	1	5	8	6	2	9	4	7
8	2	9	7	4	5	3	1	6
9	8	1	5	2	4	6	7	3
6	3	2	9	8	7	1	5	4
7	5	4	3	1	6	2	8	9

8	5	9	4	7	3	1	2	6
7	2	6	8	5	1	9	3	4
1	3	4	6	2	9	7	8	5
4	1	8	5	3	7	2	6	9
2	6	5	1	9	8	3	4	7
9	7	3	2	6	4	5	1	8
3	8	2	7	4	5	6	9	1
6	4	7	9	1	2	8	5	3
5	9	1	3	8	6	4	7	2

2	1	4	6	3	7	9	5	8
3	8	5	1	9	2	6	4	7
7	9	6	4	5	8	1	2	3
6	2	9	3	4	5	8	7	1
4	7	8	2	6	1	3	9	5
5	3	1	8	7	9	4	6	2
9	6	2	7	1	3	5	8	4
8	5	3	9	2	4	7	1	6
1	4	7	5	8	6	2	3	9

3	8	1	2	5	4	9	6	7
4	7	5	9	6	8	1	2	3
9	6	2	7	1	3	4	8	5
2	4	9	1	8	5	3	7	6
5	1	7	3	9	6	8	4	2
8	3	6	4	7	2	5	1	9
1	9	3	6	4	7	2	5	8
6	2	8	5	3	1	7	9	4
7	5	4	8	2	9	6	3	1

6	2	9	3	5	8	1	7	4
5	8	7	1	6	4	2	9	3
3	1	4	2	7	9	8	6	5
8	6	3	7	2	1	5	4	9
2	9	1	4	3	5	7	8	6
4	7	5	9	8	6	3	1	2
1	3	6	5	4	7	9	2	8
9	5	8	6	1	2	4	3	7
7	4	2	8	9	3	6	5	1

Grid 1

4	5	7	3	2	6	1	8	9
3	8	6	5	9	1	2	7	4
9	2	1	8	4	7	5	6	3
1	6	9	4	5	3	7	2	8
7	3	2	1	6	8	4	9	5
5	4	8	2	7	9	3	1	6
6	9	5	7	3	2	8	4	1
8	7	3	9	1	4	6	5	2
2	1	4	6	8	5	9	3	7

Grid 2

9	3	1	7	6	5	4	8	2
5	2	4	3	1	8	7	9	6
8	7	6	9	2	4	1	3	5
4	5	9	8	7	1	6	2	3
6	8	3	4	5	2	9	1	7
2	1	7	6	9	3	8	5	4
7	9	8	2	3	6	5	4	1
3	4	5	1	8	7	2	6	9
1	6	2	5	4	9	3	7	8

Grid 3

8	4	6	9	1	2	3	7	5
5	9	7	6	8	3	4	2	1
2	3	1	7	5	4	9	8	6
6	7	5	8	9	1	2	4	3
4	2	8	3	6	7	1	5	9
3	1	9	2	4	5	8	6	7
1	8	2	5	3	6	7	9	4
7	5	3	4	2	9	6	1	8
9	6	4	1	7	8	5	3	2

Grid 4

4	5	8	7	1	3	2	9	6
3	9	2	6	4	5	8	7	1
1	7	6	2	8	9	3	5	4
8	2	4	1	5	6	9	3	7
7	1	3	8	9	4	5	6	2
5	6	9	3	2	7	4	1	8
6	4	7	9	3	2	1	8	5
9	8	5	4	6	1	7	2	3
2	3	1	5	7	8	6	4	9

Grid 5

9	2	7	4	6	3	8	5	1
1	8	6	2	7	5	9	4	3
5	4	3	9	8	1	2	6	7
4	1	9	5	2	6	3	7	8
7	3	5	1	4	8	6	9	2
2	6	8	3	9	7	4	1	5
6	7	1	8	3	4	5	2	9
8	9	4	7	5	2	1	3	6
3	5	2	6	1	9	7	8	4

Grid 6

9	3	1	8	5	6	2	7	4
4	8	5	7	2	9	3	1	6
2	7	6	4	1	3	8	5	9
3	4	8	9	7	5	1	6	2
5	2	7	1	6	8	4	9	3
1	6	9	2	3	4	5	8	7
8	1	3	6	4	7	9	2	5
7	9	4	5	8	2	6	3	1
6	5	2	3	9	1	7	4	8

6	3	5	9	1	8	2	7	4
2	9	1	4	7	5	8	3	6
4	8	7	3	6	2	5	1	9
7	4	3	2	5	1	9	6	8
9	2	6	8	3	4	1	5	7
1	5	8	6	9	7	3	4	2
5	1	4	7	2	9	6	8	3
8	6	2	1	4	3	7	9	5
3	7	9	5	8	6	4	2	1

7	9	6	5	3	1	2	4	8
5	3	4	7	8	2	6	9	1
2	1	8	4	6	9	3	7	5
9	2	5	1	7	6	8	3	4
4	6	3	8	2	5	9	1	7
1	8	7	9	4	3	5	2	6
3	5	1	6	9	4	7	8	2
6	7	9	2	1	8	4	5	3
8	4	2	3	5	7	1	6	9

4	1	6	7	2	9	5	8	3
7	2	8	3	6	5	1	9	4
5	3	9	4	1	8	6	2	7
9	4	1	2	3	7	8	6	5
2	7	3	8	5	6	4	1	9
8	6	5	1	9	4	7	3	2
6	8	2	5	4	3	9	7	1
3	9	4	6	7	1	2	5	8
1	5	7	9	8	2	3	4	6

5	4	8	7	6	9	3	1	2
7	2	6	3	1	5	8	4	9
9	3	1	4	8	2	7	5	6
2	6	7	8	3	4	5	9	1
4	1	9	5	2	7	6	8	3
3	8	5	1	9	6	4	2	7
6	9	4	2	7	8	1	3	5
1	5	2	6	4	3	9	7	8
8	7	3	9	5	1	2	6	4

1	9	8	4	5	3	7	2	6
2	7	4	6	1	8	9	5	3
6	5	3	2	7	9	8	1	4
7	4	6	8	9	5	2	3	1
8	2	5	3	6	1	4	7	9
9	3	1	7	2	4	6	8	5
4	6	7	1	3	2	5	9	8
5	1	2	9	8	6	3	4	7
3	8	9	5	4	7	1	6	2

3	7	9	5	6	2	1	4	8
6	4	1	8	3	7	9	2	5
8	2	5	9	1	4	6	3	7
1	6	2	3	7	5	8	9	4
9	3	7	2	4	8	5	6	1
4	5	8	6	9	1	3	7	2
7	9	4	1	8	3	2	5	6
2	1	6	7	5	9	4	8	3
5	8	3	4	2	6	7	1	9

Puzzle 1

2	7	6	4	9	5	1	8	3
3	9	8	7	1	2	5	4	6
5	1	4	6	3	8	7	2	9
9	8	2	5	4	7	6	3	1
1	4	3	9	8	6	2	7	5
7	6	5	1	2	3	4	9	8
6	5	9	3	7	4	8	1	2
4	2	1	8	6	9	3	5	7
8	3	7	2	5	1	9	6	4

Puzzle 2

2	5	4	9	7	3	8	1	6
7	8	1	6	5	2	4	9	3
6	9	3	8	1	4	7	5	2
9	2	5	1	6	7	3	8	4
1	4	6	5	3	8	9	2	7
8	3	7	4	2	9	1	6	5
5	7	9	2	4	1	6	3	8
3	1	2	7	8	6	5	4	9
4	6	8	3	9	5	2	7	1

Puzzle 3

8	7	9	6	3	2	4	1	5
5	2	4	9	8	1	6	3	7
3	1	6	4	5	7	9	2	8
1	9	3	8	2	6	5	7	4
6	4	5	3	7	9	1	8	2
7	8	2	5	1	4	3	9	6
2	5	7	1	6	3	8	4	9
4	6	1	2	9	8	7	5	3
9	3	8	7	4	5	2	6	1

Puzzle 4

8	6	9	5	7	4	3	2	1
2	3	7	8	1	9	4	5	6
1	4	5	3	2	6	7	8	9
3	1	6	7	5	2	9	4	8
9	8	4	6	3	1	2	7	5
5	7	2	4	9	8	1	6	3
6	5	3	1	4	7	8	9	2
7	2	8	9	6	3	5	1	4
4	9	1	2	8	5	6	3	7

Puzzle 5

2	5	8	1	3	7	4	6	9
6	1	9	8	4	2	5	3	7
7	4	3	6	5	9	1	8	2
5	3	4	2	7	8	9	1	6
9	7	1	4	6	3	8	2	5
8	6	2	9	1	5	3	7	4
4	8	7	5	2	1	6	9	3
3	9	6	7	8	4	2	5	1
1	2	5	3	9	6	7	4	8

Puzzle 6

5	3	2	6	1	9	8	7	4
6	1	4	5	8	7	3	2	9
8	7	9	3	2	4	5	1	6
2	5	6	8	7	3	4	9	1
1	4	3	9	5	2	6	8	7
7	9	8	4	6	1	2	5	3
4	2	1	7	3	5	9	6	8
9	6	5	1	4	8	7	3	2
3	8	7	2	9	6	1	4	5

4	6	9	1	3	7	2	8	5
3	1	2	5	8	9	7	4	6
7	8	5	4	2	6	3	9	1
6	9	4	7	5	3	8	1	2
8	5	3	2	4	1	9	6	7
1	2	7	9	6	8	4	5	3
2	3	8	6	1	4	5	7	9
9	4	6	3	7	5	1	2	8
5	7	1	8	9	2	6	3	4

7	3	1	2	5	9	6	4	8
5	6	4	8	7	1	2	3	9
8	2	9	3	6	4	7	5	1
2	4	7	5	1	3	9	8	6
9	8	6	4	2	7	5	1	3
3	1	5	6	9	8	4	2	7
6	7	3	1	4	2	8	9	5
1	9	2	7	8	5	3	6	4
4	5	8	9	3	6	1	7	2

5	7	3	6	2	4	8	9	1
9	6	8	7	1	3	2	5	4
4	1	2	8	5	9	3	6	7
6	5	7	3	4	8	1	2	9
1	2	4	9	6	5	7	3	8
3	8	9	2	7	1	5	4	6
8	4	1	5	3	6	9	7	2
7	9	5	4	8	2	6	1	3
2	3	6	1	9	7	4	8	5

1	3	7	2	9	6	4	8	5
2	8	4	5	3	1	9	7	6
6	9	5	8	4	7	2	3	1
8	2	3	9	5	4	1	6	7
4	1	6	3	7	2	8	5	9
7	5	9	6	1	8	3	4	2
3	6	8	1	2	5	7	9	4
9	7	1	4	6	3	5	2	8
5	4	2	7	8	9	6	1	3

9	1	6	3	7	5	4	8	2
5	4	3	6	2	8	9	1	7
7	8	2	4	9	1	6	3	5
2	6	4	5	8	3	1	7	9
1	7	5	9	6	4	3	2	8
3	9	8	7	1	2	5	4	6
8	5	9	1	3	7	2	6	4
6	2	1	8	4	9	7	5	3
4	3	7	2	5	6	8	9	1

3	2	6	1	4	9	7	8	5
8	9	1	2	5	7	3	6	4
7	4	5	6	3	8	9	2	1
5	7	4	8	6	2	1	3	9
9	8	2	3	7	1	4	5	6
1	6	3	4	9	5	8	7	2
6	3	8	9	2	4	5	1	7
4	1	7	5	8	6	2	9	3
2	5	9	7	1	3	6	4	8

Grid 1

5	2	4	1	3	8	7	6	9
1	3	6	7	9	5	2	4	8
7	8	9	2	6	4	5	1	3
4	5	2	9	8	1	3	7	6
6	9	8	3	4	7	1	5	2
3	7	1	5	2	6	9	8	4
9	6	7	4	1	3	8	2	5
2	4	5	8	7	9	6	3	1
8	1	3	6	5	2	4	9	7

Grid 2

2	6	9	4	8	5	7	1	3
8	7	3	1	2	9	5	4	6
4	1	5	7	3	6	9	2	8
5	4	1	6	7	8	2	3	9
9	2	6	3	1	4	8	5	7
3	8	7	5	9	2	4	6	1
6	9	2	8	5	1	3	7	4
1	3	8	2	4	7	6	9	5
7	5	4	9	6	3	1	8	2

Grid 3

2	8	1	4	6	3	5	7	9
6	4	5	1	7	9	3	8	2
3	7	9	5	2	8	1	6	4
1	3	2	7	5	6	4	9	8
4	5	6	9	8	1	2	3	7
8	9	7	2	3	4	6	5	1
7	6	8	3	1	2	9	4	5
9	2	3	8	4	5	7	1	6
5	1	4	6	9	7	8	2	3

Grid 4

3	5	7	1	8	4	2	6	9
8	2	1	6	5	9	7	4	3
6	9	4	7	2	3	1	8	5
2	8	3	5	4	7	9	1	6
7	4	9	8	6	1	3	5	2
5	1	6	3	9	2	4	7	8
9	3	8	4	7	5	6	2	1
4	6	2	9	1	8	5	3	7
1	7	5	2	3	6	8	9	4

Grid 5

8	4	1	6	5	9	2	3	7
9	6	7	3	8	2	1	4	5
3	2	5	1	4	7	6	8	9
6	5	4	2	3	1	9	7	8
1	7	3	9	6	8	4	5	2
2	8	9	4	7	5	3	1	6
5	1	2	8	9	3	7	6	4
4	3	8	7	2	6	5	9	1
7	9	6	5	1	4	8	2	3

Grid 6

9	6	5	4	1	3	7	2	8
3	7	4	8	5	2	1	9	6
2	1	8	6	9	7	5	4	3
7	3	9	2	8	6	4	1	5
5	8	6	1	4	9	2	3	7
4	2	1	3	7	5	8	6	9
1	9	2	5	6	8	3	7	4
6	5	3	7	2	4	9	8	1
8	4	7	9	3	1	6	5	2

7	5	4	2	6	8	1	3	9
3	2	8	1	7	9	6	5	4
9	6	1	5	4	3	8	2	7
8	7	6	4	9	2	3	1	5
1	3	2	7	5	6	9	4	8
5	4	9	8	3	1	7	6	2
4	9	7	6	1	5	2	8	3
6	8	3	9	2	4	5	7	1
2	1	5	3	8	7	4	9	6

6	4	9	5	7	8	1	3	2
3	5	8	1	2	4	6	7	9
2	1	7	3	6	9	8	4	5
9	2	6	7	8	3	4	5	1
5	7	1	6	4	2	3	9	8
4	8	3	9	1	5	2	6	7
8	9	4	2	3	7	5	1	6
1	3	5	8	9	6	7	2	4
7	6	2	4	5	1	9	8	3

2	6	5	7	3	9	1	8	4
4	3	8	5	2	1	7	6	9
7	1	9	8	4	6	2	5	3
9	4	2	1	8	5	6	3	7
5	7	6	4	9	3	8	2	1
1	8	3	6	7	2	9	4	5
3	2	7	9	5	8	4	1	6
6	5	4	2	1	7	3	9	8
8	9	1	3	6	4	5	7	2

1	4	5	6	9	8	3	7	2
6	2	8	5	7	3	1	9	4
3	9	7	2	4	1	6	8	5
7	1	9	3	8	4	5	2	6
2	6	3	1	5	7	8	4	9
5	8	4	9	6	2	7	3	1
9	3	2	8	1	6	4	5	7
8	7	1	4	2	5	9	6	3
4	5	6	7	3	9	2	1	8

9	3	6	7	1	8	4	2	5
4	1	7	2	5	9	3	8	6
2	5	8	3	6	4	7	9	1
7	2	9	8	4	5	6	1	3
5	6	4	1	2	3	8	7	9
1	8	3	6	9	7	2	5	4
8	7	1	5	3	6	9	4	2
6	9	2	4	8	1	5	3	7
3	4	5	9	7	2	1	6	8

2	8	9	5	1	6	7	4	3
7	4	1	2	8	3	6	5	9
5	3	6	4	9	7	2	1	8
8	5	4	7	2	9	3	6	1
6	7	3	1	5	8	9	2	4
9	1	2	6	3	4	8	7	5
4	9	7	3	6	1	5	8	2
1	2	8	9	7	5	4	3	6
3	6	5	8	4	2	1	9	7

9	6	5	8	2	7	1	3	4
4	8	3	1	5	9	2	7	6
7	1	2	6	4	3	8	5	9
8	3	7	2	6	1	9	4	5
1	9	4	3	7	5	6	2	8
5	2	6	9	8	4	3	1	7
3	5	8	4	1	6	7	9	2
6	4	9	7	3	2	5	8	1
2	7	1	5	9	8	4	6	3

9	8	3	7	1	2	4	5	6
4	7	6	9	8	5	3	2	1
1	2	5	6	3	4	8	7	9
6	9	1	8	2	3	7	4	5
2	3	4	5	6	7	9	1	8
8	5	7	1	4	9	2	6	3
7	1	8	2	9	6	5	3	4
5	4	9	3	7	1	6	8	2
3	6	2	4	5	8	1	9	7

4	7	9	8	5	1	3	2	6
3	1	5	2	6	9	4	7	8
2	8	6	3	7	4	9	1	5
7	5	2	6	4	3	8	9	1
8	6	3	1	9	2	7	5	4
1	9	4	7	8	5	6	3	2
9	2	7	4	1	6	5	8	3
6	3	8	5	2	7	1	4	9
5	4	1	9	3	8	2	6	7

9	4	5	7	6	8	1	2	3
8	2	1	5	9	3	7	4	6
3	6	7	2	4	1	9	5	8
5	9	2	4	3	7	6	8	1
4	7	8	6	1	2	5	3	9
6	1	3	8	5	9	2	7	4
7	8	4	9	2	6	3	1	5
1	5	6	3	7	4	8	9	2
2	3	9	1	8	5	4	6	7

5	3	8	1	6	9	2	7	4
4	9	1	7	2	5	8	3	6
2	7	6	4	8	3	9	1	5
6	8	3	2	5	4	1	9	7
1	4	7	6	9	8	3	5	2
9	5	2	3	7	1	4	6	8
7	1	4	8	3	6	5	2	9
3	6	9	5	4	2	7	8	1
8	2	5	9	1	7	6	4	3

3	9	2	7	8	1	4	6	5
1	5	6	9	3	4	2	7	8
8	7	4	6	5	2	9	1	3
2	8	7	3	6	5	1	4	9
4	1	3	8	2	9	7	5	6
5	6	9	4	1	7	8	3	2
9	2	5	1	7	3	6	8	4
7	4	8	5	9	6	3	2	1
6	3	1	2	4	8	5	9	7

Grid 1

4	9	6	2	5	8	7	3	1
7	8	5	1	6	3	4	9	2
3	2	1	4	9	7	8	6	5
8	3	9	7	4	5	1	2	6
2	1	7	8	3	6	5	4	9
6	5	4	9	2	1	3	7	8
9	7	8	6	1	4	2	5	3
5	4	2	3	8	9	6	1	7
1	6	3	5	7	2	9	8	4

Grid 2

9	3	5	7	6	4	1	8	2
4	8	7	2	3	1	5	9	6
6	2	1	5	8	9	3	7	4
7	9	3	4	5	8	2	6	1
1	4	2	3	9	6	7	5	8
5	6	8	1	2	7	9	4	3
3	5	6	8	7	2	4	1	9
8	7	4	9	1	3	6	2	5
2	1	9	6	4	5	8	3	7

Grid 3

4	1	6	2	7	8	5	9	3
2	5	8	3	1	9	7	4	6
7	3	9	4	5	6	2	8	1
5	9	4	1	6	2	8	3	7
3	7	2	5	8	4	6	1	9
8	6	1	9	3	7	4	2	5
9	4	7	6	2	1	3	5	8
6	2	3	8	9	5	1	7	4
1	8	5	7	4	3	9	6	2

Grid 4

4	5	9	7	2	6	3	1	8
7	3	1	9	5	8	6	4	2
8	6	2	4	3	1	5	9	7
1	4	6	3	8	7	9	2	5
9	2	8	5	6	4	7	3	1
5	7	3	2	1	9	4	8	6
6	9	5	8	4	2	1	7	3
3	8	7	1	9	5	2	6	4
2	1	4	6	7	3	8	5	9

Grid 5

7	8	9	4	5	3	6	1	2
6	4	1	7	2	9	3	8	5
2	5	3	1	8	6	4	7	9
5	6	8	3	4	7	9	2	1
1	7	4	6	9	2	8	5	3
9	3	2	8	1	5	7	4	6
8	2	5	9	3	4	1	6	7
4	9	7	5	6	1	2	3	8
3	1	6	2	7	8	5	9	4

Grid 6

8	2	9	6	1	3	7	4	5
5	6	4	2	9	7	8	3	1
1	7	3	8	5	4	2	6	9
3	4	8	5	6	9	1	2	7
2	5	6	4	7	1	3	9	8
9	1	7	3	2	8	6	5	4
7	9	5	1	3	6	4	8	2
4	3	2	7	8	5	9	1	6
6	8	1	9	4	2	5	7	3

8	1	5	4	2	9	3	6	7
7	6	4	3	5	1	8	9	2
3	9	2	6	8	7	1	5	4
1	7	8	9	4	6	5	2	3
6	2	9	8	3	5	4	7	1
4	5	3	1	7	2	6	8	9
5	8	1	2	9	3	7	4	6
9	4	6	7	1	8	2	3	5
2	3	7	5	6	4	9	1	8

1	3	4	9	5	7	2	6	8
5	7	6	4	2	8	1	3	9
2	8	9	1	3	6	4	5	7
8	1	5	7	6	4	9	2	3
6	4	2	3	9	5	7	8	1
7	9	3	2	8	1	6	4	5
3	2	7	8	4	9	5	1	6
9	5	8	6	1	2	3	7	4
4	6	1	5	7	3	8	9	2

7	2	1	3	4	5	8	6	9
8	4	6	2	7	9	1	5	3
9	3	5	8	1	6	7	4	2
1	6	2	7	8	3	4	9	5
3	7	4	9	5	2	6	1	8
5	9	8	1	6	4	3	2	7
2	8	3	4	9	1	5	7	6
4	5	9	6	3	7	2	8	1
6	1	7	5	2	8	9	3	4

4	3	8	5	2	1	6	9	7
1	5	9	3	7	6	4	2	8
7	2	6	9	8	4	3	1	5
8	7	4	6	9	5	2	3	1
5	1	3	8	4	2	7	6	9
6	9	2	7	1	3	8	5	4
3	8	7	2	5	9	1	4	6
9	6	1	4	3	8	5	7	2
2	4	5	1	6	7	9	8	3

2	7	6	3	4	5	8	1	9
1	5	8	9	2	6	7	3	4
9	4	3	1	7	8	5	2	6
3	2	7	5	6	4	1	9	8
5	8	1	7	3	9	6	4	2
4	6	9	8	1	2	3	7	5
7	9	4	6	8	3	2	5	1
8	3	5	2	9	1	4	6	7
6	1	2	4	5	7	9	8	3

5	2	3	4	6	7	1	8	9
1	9	7	8	2	5	6	4	3
6	4	8	1	3	9	2	5	7
8	5	2	3	1	6	9	7	4
9	3	6	5	7	4	8	2	1
4	7	1	9	8	2	5	3	6
7	8	5	6	9	3	4	1	2
2	6	4	7	5	1	3	9	8
3	1	9	2	4	8	7	6	5

Grid 1

7	2	6	3	4	8	5	9	1
4	8	1	2	5	9	6	7	3
3	5	9	7	6	1	4	8	2
6	1	2	9	7	5	3	4	8
8	3	5	1	2	4	9	6	7
9	4	7	6	8	3	2	1	5
1	6	4	8	3	2	7	5	9
2	7	8	5	9	6	1	3	4
5	9	3	4	1	7	8	2	6

Grid 2

4	5	1	7	8	2	9	6	3
9	6	3	1	4	5	7	8	2
8	7	2	9	3	6	4	1	5
5	4	9	3	1	7	8	2	6
7	3	8	2	6	9	1	5	4
2	1	6	8	5	4	3	9	7
1	9	4	6	2	3	5	7	8
3	2	7	5	9	8	6	4	1
6	8	5	4	7	1	2	3	9

Grid 3

3	6	4	8	9	2	5	7	1
9	1	7	5	4	3	8	6	2
2	5	8	6	1	7	9	4	3
5	8	2	9	6	1	4	3	7
1	7	3	4	2	5	6	9	8
6	4	9	7	3	8	1	2	5
4	2	5	1	7	9	3	8	6
7	9	1	3	8	6	2	5	4
8	3	6	2	5	4	7	1	9

Grid 4

5	1	3	7	8	9	2	4	6
4	2	8	1	5	6	3	9	7
7	6	9	3	4	2	8	5	1
3	9	5	8	1	7	6	2	4
8	7	6	2	3	4	5	1	9
1	4	2	9	6	5	7	3	8
9	5	7	4	2	8	1	6	3
6	8	1	5	9	3	4	7	2
2	3	4	6	7	1	9	8	5

Grid 5

5	9	7	4	3	6	2	8	1
1	3	4	8	2	9	6	5	7
2	6	8	1	5	7	9	3	4
4	7	6	5	1	8	3	9	2
8	5	2	3	9	4	7	1	6
3	1	9	7	6	2	5	4	8
7	8	5	2	4	3	1	6	9
9	2	3	6	8	1	4	7	5
6	4	1	9	7	5	8	2	3

Grid 6

7	9	2	1	6	3	4	8	5
6	5	8	7	4	9	2	3	1
4	3	1	8	5	2	9	6	7
1	6	7	2	9	8	3	5	4
5	8	9	4	3	7	6	1	2
3	2	4	6	1	5	8	7	9
2	4	6	3	7	1	5	9	8
8	7	5	9	2	6	1	4	3
9	1	3	5	8	4	7	2	6

Puzzle 1

1	5	8	4	2	7	3	6	9
7	9	4	8	3	6	5	1	2
3	6	2	1	5	9	7	4	8
4	1	9	2	7	5	6	8	3
5	3	7	6	8	1	9	2	4
8	2	6	3	9	4	1	7	5
6	8	1	5	4	3	2	9	7
9	4	3	7	1	2	8	5	6
2	7	5	9	6	8	4	3	1

Puzzle 2

6	5	1	4	7	9	2	8	3
3	8	4	5	1	2	7	9	6
7	9	2	3	6	8	4	5	1
9	6	7	8	4	1	5	3	2
8	4	5	9	2	3	6	1	7
1	2	3	7	5	6	8	4	9
4	1	6	2	3	5	9	7	8
5	3	9	6	8	7	1	2	4
2	7	8	1	9	4	3	6	5

Puzzle 3

1	3	9	8	2	7	5	6	4
2	5	6	4	3	9	7	1	8
7	4	8	1	5	6	3	9	2
6	9	3	5	4	8	1	2	7
5	1	7	2	6	3	8	4	9
4	8	2	7	9	1	6	3	5
9	7	1	3	8	4	2	5	6
3	6	5	9	7	2	4	8	1
8	2	4	6	1	5	9	7	3

Puzzle 4

9	4	6	8	7	3	5	1	2
7	1	2	9	5	4	8	6	3
5	3	8	6	1	2	4	7	9
8	9	5	4	6	7	2	3	1
2	7	1	3	9	8	6	5	4
3	6	4	1	2	5	7	9	8
4	2	9	7	3	6	1	8	5
6	8	3	5	4	1	9	2	7
1	5	7	2	8	9	3	4	6

Puzzle 5

1	2	8	4	9	5	3	7	6
7	9	3	6	2	8	5	1	4
6	4	5	1	7	3	9	2	8
8	1	9	3	5	7	4	6	2
5	3	7	2	4	6	1	8	9
2	6	4	8	1	9	7	5	3
4	8	1	7	3	2	6	9	5
3	5	2	9	6	1	8	4	7
9	7	6	5	8	4	2	3	1

Puzzle 6

8	9	3	5	4	7	6	2	1
4	7	2	9	1	6	8	3	5
6	1	5	3	8	2	7	9	4
2	4	7	8	9	5	1	6	3
1	5	8	6	3	4	2	7	9
3	6	9	7	2	1	5	4	8
7	2	1	4	5	3	9	8	6
9	3	6	1	7	8	4	5	2
5	8	4	2	6	9	3	1	7

5	1	7	4	9	2	3	6	8
3	4	2	5	6	8	1	9	7
6	9	8	3	7	1	4	2	5
4	5	1	8	3	6	2	7	9
9	8	3	7	2	5	6	1	4
7	2	6	1	4	9	5	8	3
2	7	5	9	1	4	8	3	6
8	6	9	2	5	3	7	4	1
1	3	4	6	8	7	9	5	2

8	6	5	1	4	9	7	2	3
7	1	2	3	6	8	4	9	5
4	9	3	2	7	5	8	1	6
2	7	6	5	9	3	1	4	8
1	5	4	8	2	7	6	3	9
9	3	8	4	1	6	2	5	7
3	4	9	7	8	2	5	6	1
5	8	1	6	3	4	9	7	2
6	2	7	9	5	1	3	8	4

1	2	8	5	4	7	3	6	9
5	3	9	8	1	6	2	4	7
4	7	6	2	9	3	8	1	5
3	5	1	9	8	4	7	2	6
6	9	2	1	7	5	4	8	3
7	8	4	6	3	2	5	9	1
2	4	7	3	6	1	9	5	8
9	1	5	7	2	8	6	3	4
8	6	3	4	5	9	1	7	2

6	7	1	8	2	4	9	3	5
9	3	4	1	5	6	2	7	8
2	8	5	7	9	3	1	6	4
3	5	7	6	4	2	8	1	9
4	9	8	5	7	1	3	2	6
1	2	6	9	3	8	5	4	7
5	1	9	2	6	7	4	8	3
8	6	3	4	1	9	7	5	2
7	4	2	3	8	5	6	9	1

9	5	3	1	2	7	6	8	4
2	8	4	6	5	9	7	1	3
6	7	1	4	8	3	5	9	2
1	9	7	2	6	5	4	3	8
3	2	8	7	4	1	9	6	5
4	6	5	3	9	8	2	7	1
5	3	2	8	7	6	1	4	9
8	4	6	9	1	2	3	5	7
7	1	9	5	3	4	8	2	6

2	3	6	8	7	4	1	5	9
7	4	1	3	5	9	8	2	6
5	8	9	2	6	1	4	3	7
8	7	2	9	1	5	6	4	3
6	9	3	7	4	8	5	1	2
1	5	4	6	2	3	7	9	8
3	2	5	4	8	6	9	7	1
4	6	7	1	9	2	3	8	5
9	1	8	5	3	7	2	6	4

Grid 1

5	7	1	2	3	9	4	8	6
2	4	8	5	7	6	9	3	1
9	3	6	1	8	4	7	5	2
7	9	3	8	1	2	5	6	4
8	5	4	3	6	7	2	1	9
6	1	2	9	4	5	8	7	3
3	2	7	4	5	1	6	9	8
1	6	9	7	2	8	3	4	5
4	8	5	6	9	3	1	2	7

Grid 2

7	3	2	8	1	9	6	4	5
5	8	1	4	6	7	2	9	3
6	4	9	3	5	2	1	7	8
2	6	5	9	4	1	3	8	7
4	9	8	2	7	3	5	1	6
3	1	7	5	8	6	4	2	9
1	5	4	6	9	8	7	3	2
8	2	6	7	3	4	9	5	1
9	7	3	1	2	5	8	6	4

Grid 3

1	3	4	7	8	9	2	6	5
8	2	7	5	6	1	3	9	4
9	6	5	2	4	3	8	1	7
4	1	2	6	3	5	7	8	9
5	7	9	4	2	8	6	3	1
3	8	6	1	9	7	4	5	2
6	4	3	9	5	2	1	7	8
2	5	1	8	7	6	9	4	3
7	9	8	3	1	4	5	2	6

Grid 4

7	6	3	8	5	9	4	1	2
4	2	8	1	3	7	5	9	6
1	5	9	4	2	6	8	7	3
9	1	5	3	4	8	2	6	7
3	7	2	5	6	1	9	4	8
8	4	6	9	7	2	3	5	1
2	3	1	6	9	4	7	8	5
6	9	7	2	8	5	1	3	4
5	8	4	7	1	3	6	2	9

Grid 5

9	1	2	3	5	8	4	7	6
5	4	6	7	1	9	8	2	3
3	7	8	2	6	4	5	1	9
1	3	9	8	7	2	6	4	5
4	2	5	1	3	6	7	9	8
6	8	7	9	4	5	2	3	1
7	6	3	4	8	1	9	5	2
8	9	1	5	2	7	3	6	4
2	5	4	6	9	3	1	8	7

Grid 6

9	6	4	7	5	8	1	2	3
2	5	1	4	9	3	8	6	7
3	8	7	6	2	1	4	5	9
4	7	5	2	8	6	9	3	1
6	3	9	1	7	4	2	8	5
8	1	2	9	3	5	6	7	4
7	2	6	5	4	9	3	1	8
5	9	8	3	1	2	7	4	6
1	4	3	8	6	7	5	9	2